曹嘉琳

FASHION DRAWING

服裝畫手札

推薦序

期待許久的曹嘉琳老師《服裝畫手札》終於要出版了，我相信這是許多從事時尚造型相關工作與服裝設計相關者及對服裝畫喜愛的人所殷盼與等待的一本書。曹嘉琳老師從國內知名服裝公司的服裝設計師經歷開始並累積了三十多年來對時尚服裝設計畫的專研投入，更加上了豐富的教學經驗，歷經了多年的醞釀策畫與修改，終於誕生了這一本集畢生設計精華的《曹嘉琳服裝畫手札》時，書內的各式精緻服裝造型設計，對於喜愛服裝畫的朋友們，我相信這絕對會是一本讓你愛不釋手，與值得珍藏的好書。

十多年前就結識了曹嘉琳老師，剛開始只為了學習在專業造型領域中能在創意上利用服裝畫來與人溝通開始，但發

現教學與設計經驗豐富的曹嘉琳老師，不但服裝繪畫技巧高超外，更有著一份不藏私與愛分享的心，教學時更是生動活潑與親和力十足，讓我一接觸服裝畫就竟然畫上了十多年，現在除了能增進自己的多元工作能力之外，更在休閒時多了一項興趣的寄託，我相信一定有許多人跟我一樣，一直希望能擁有一本曹嘉琳老師的精彩服裝畫冊，如今這本書終於在千呼萬喚下誕生了，因此怎能夠再猶豫？趕快地去擁有它吧！

國際彩妝大師 朱正生

前言

無論是學設計的學生還是設計師，甚至是對服裝、對畫畫有興趣的人，都可以利用服裝畫來表達自己的創意，激盪出更多的設計創作。

藉由人體加上服裝整體的輪廓，再用適當的畫材詮釋出不同的質材，構思出完整的設計圖，呈現出自己的設計構想與理念。

我用記錄課程的形式，呈現這一本屬於我的服裝書，幫同學們整理出服裝畫的流程與內容。

Contents

目錄

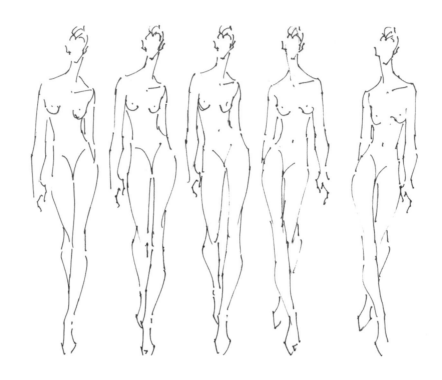

- 人體的架構與比例 - 靜態

- 人體的架構與比例 - 動態

- 泳衣的畫法

人體的架構是設計圖的基礎，精準的人體才能呈現完美的設計圖！

學習服裝畫，手眼協調的能力可以幫助你畫出俐落的線條，而多加
練習能使你的筆觸流暢。畫好人體唯一的方法就是—練習！練習！
加強練習！

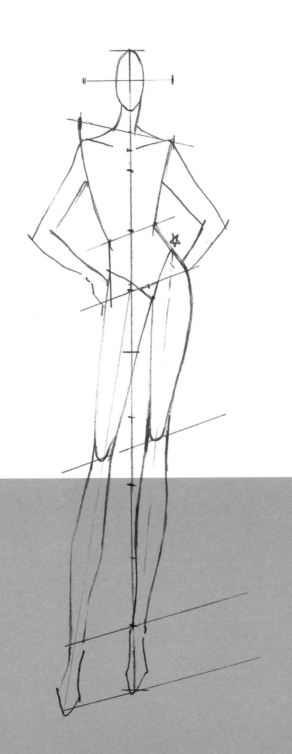

Chapter 1

基本人體

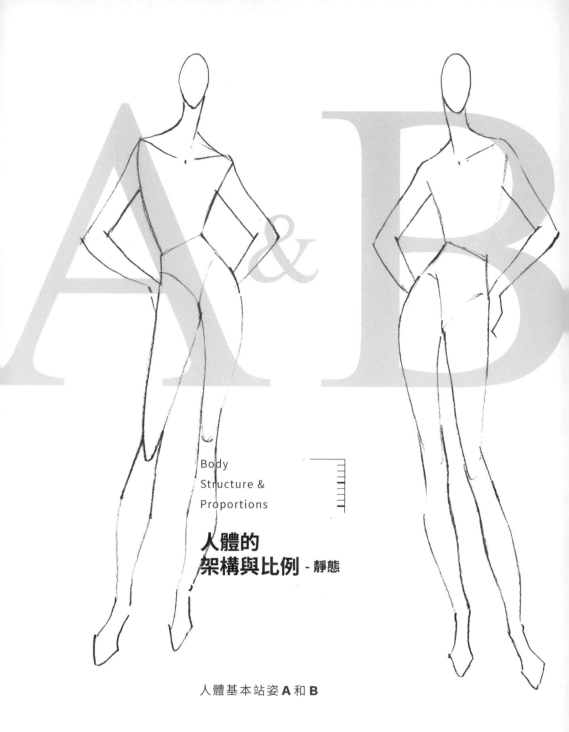

Body

Structure &

Proportions

人體的
架構與比例 - 靜態

人體基本站姿 **A** 和 **B**

Preparation · 課前準備

第一節課,請同學們收集服裝雜誌上喜歡的泳裝模特
兒圖片,以站姿為主。

Instructions · 課程示範與指導 [人體 A]　單位 : ⌉a⌊

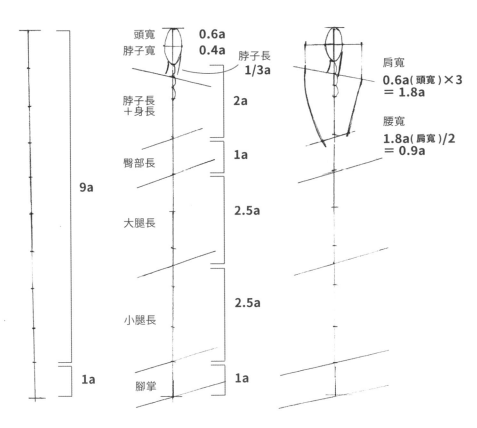

頭寬　0.6a
脖子寬　0.4a
脖子長　1/3a
脖子長 ＋身長　2a
臀部長　1a
大腿長　2.5a
小腿長　2.5a
腳掌　1a

9a
1a

肩寬
0.6a(頭寬)×3
= 1.8a

腰寬
1.8a(肩寬)/2
= 0.9a

中心線:

9 頭身(9a)
＋
腳掌(1a)
＝ 10 等份

肩線與腰線相反
(人體平衡的重要關鍵)

臀部、大腿、小腿線
都與腰線平行

11

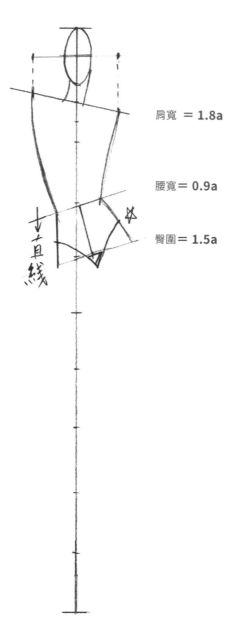

肩寬 ＝ 1.8a

腰寬 ＝ 0.9a

臀圍 ＝ 1.5a

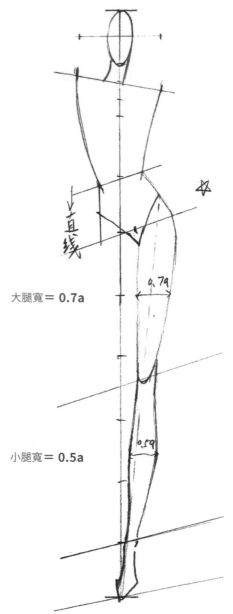

大腿寬 ＝ 0.7a

小腿寬 ＝ 0.5a

臀圍的寬度

小於肩寬是 1.5a

★

人體中最寬的部位是肩寬，
臀部比肩膀寬會顯得屁股太大

重心腳（打☆的地方）

人體站穩的最重要關鍵！

重心腳的著力點在中心線上

（打虛線的地方）

重心腳之外的另一隻腳，
可有不同的姿勢變化

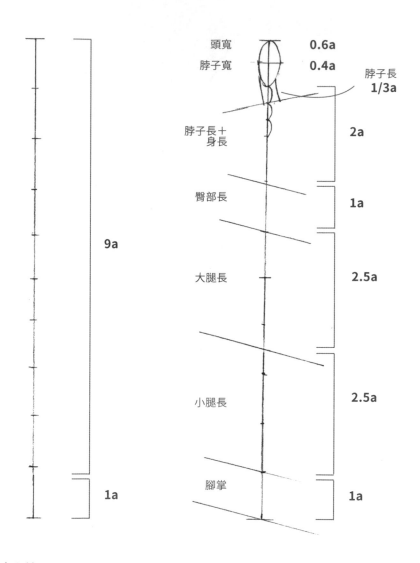

頭寬　　0.6a
脖子寬　0.4a
　　　　　　脖子長
　　　　　　1/3a

脖子長＋
身長　　　2a

臀部長　　1a

大腿長　　2.5a

小腿長　　2.5a

腳掌　　　1a

9a

1a

中心線：

9 頭身（9a）

＋

腳掌（1a）

＝ 10 等份

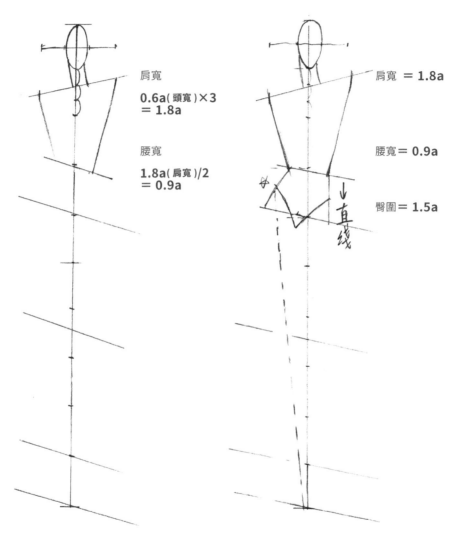

肩寬

0.6a(頭寬)×3
= 1.8a

腰寬

1.8a(肩寬)/2
= 0.9a

肩寬 = 1.8a

腰寬 = 0.9a

臀圍 = 1.5a

直線

肩線與腰線相反
（人體平衡的重要關鍵）

臀部、大腿、小腿線
都與腰線平行

臀圍的寬度
小於肩寬是 1.5a
★
人體中最寬的部位是肩寬，
臀部比肩膀寬會顯得屁股太大

15

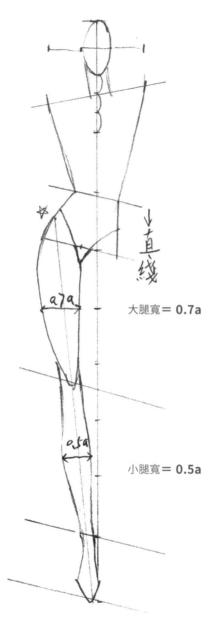

大腿寬＝ 0.7a

小腿寬＝ 0.5a

★小提醒

人體 A 與人體 B 在比例上完全相同，但是肩線和
腰線方向相反，所以重心腳一左一右，產生兩個
方向不同的人體。

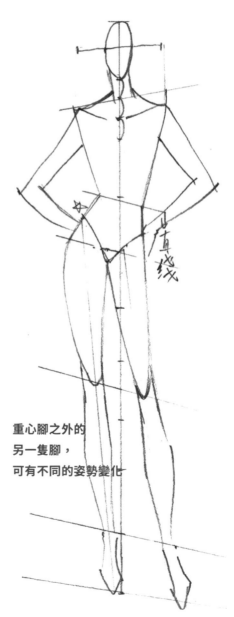

**重心腳之外的
另一隻腳，
可有不同的姿勢變化**

重心腳（打☆的地方）
人體站穩的最重要關鍵！

重心腳的著力點在中心線上
（打虛線的地方）

16

Assignment · 課後作業

按照今天的課程內容，同學們練習人體的架構與比例，站姿 A 和 B。請多加練習，人體畫的好就成功一半了喔！下節課老師會修改作業。

Supplies · 畫材使用

- 鉛筆
- 橡皮擦
- 練習人體的紙張隨意

我喜歡這個屬於我自己的人體，畫起來舒服、順手，讓人「穿上衣服」時，也很好畫，比例很美，真的很「正」！每個人都應該有一個屬於自己的人體，適合自己，可以表達自己的設計圖。同學們在還沒有自己的人體之前，可以先試試老師的人體！

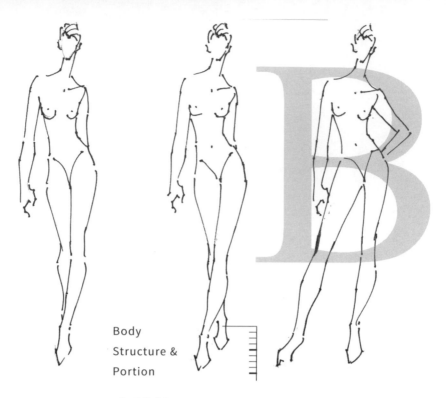

人體的
架構與比例 - 動態

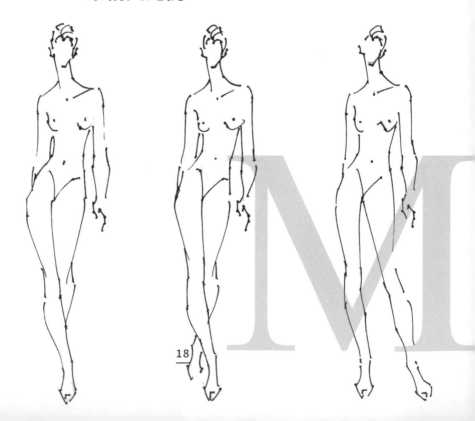

Preparation · 課前準備

今天在課程一開始先讓同學們看一段模特兒在伸展台
上走秀的動感姿態。同學們隨手畫出模特兒律動的姿
態,比較與站立姿勢的不同。

在基本站姿練習之後,試試動態行走的姿態,想像模
特兒隨著音樂節奏的擺動,在伸展台上展現出律動的
美感。

Instructions · 課程示範與指導

同學在畫動態人體時,重心腳不變(非常重要),腰
線與大腿方向相反(和站姿一樣),記得重心腳在前
(畫靜態與動態的人體,重心腳一定要先畫,人體才
會站穩),另一隻腳在後側,兩隻腳不會同時著地,
視覺上就會展現人體行走的動態。腰線與大腿平行,
行走時因非重心腳的小腿往後擺動,在視覺上看起來
會比較短。

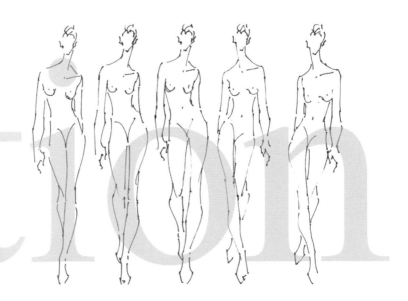

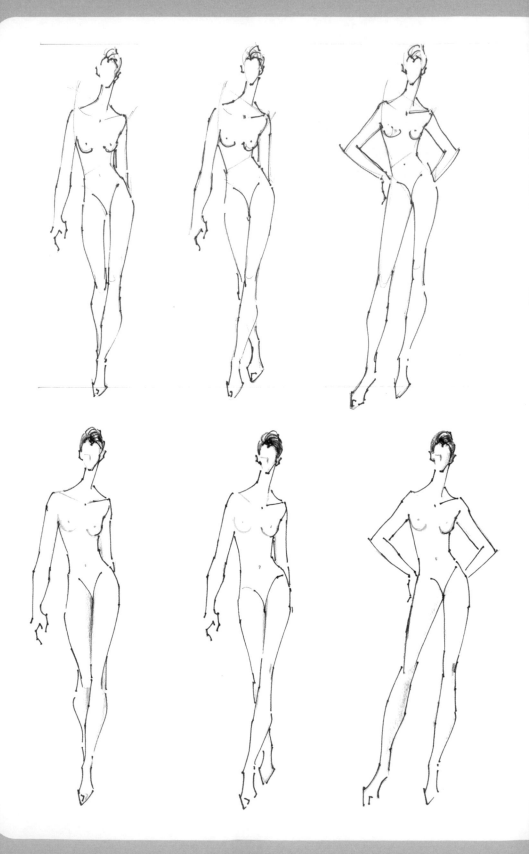

≪≪≪≪≪ *Assignment* · **課後作業** ≪≪≪≪≪

反覆練習靜態人體與動態人體的畫法,開始直接用勾
邊筆畫人體。

≪≪≪≪≪ *Supplies* · **畫材使用** ≪≪≪≪≪

- 鉛筆　　- 勾邊筆　　- 橡皮擦　　- 紙張隨意

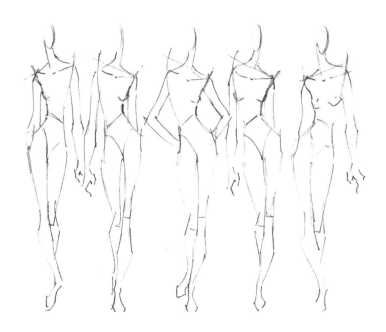

泳衣的畫法

Preparation · **課前準備**

請同學收集模特兒穿著泳裝的圖片。找一個自己喜歡
的模特兒，在伸展台上行走的美麗形態。

Instructions · **課程示範與指導**

學會人體的畫法，第一件服裝的著裝練習，
可以先從泳裝開始。

1. 用鉛筆畫出人體架構。
2. 在人體上勾勒出泳裝。

   因為泳裝是很合身的，
   所以照著身體的曲線描繪就行了。
   同學只要畫出好看的人體，一定就
   可以掌握泳裝的畫法。

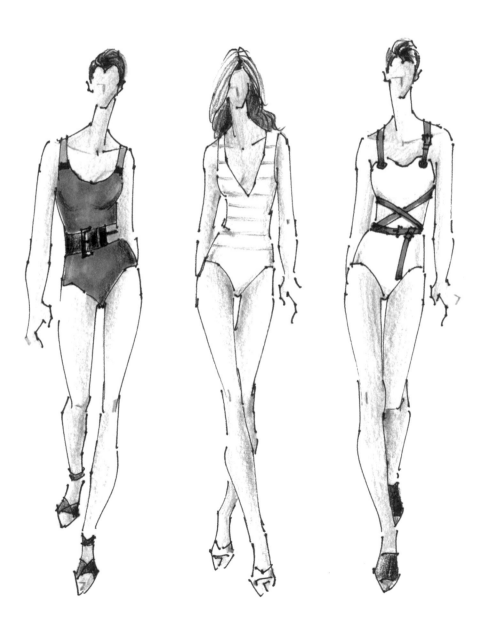

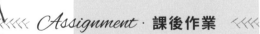

Assignment · **課後作業** <<<<<

反複練習課程中的示範與技巧。

Supplies · **畫材使用** <<

- 鉛筆　- 色鉛筆　- 勾邊筆　- 橡皮擦
- 紙張可選結實有厚度、光滑的紙

- 臉部的比例與五官的畫法

- 髮型的畫法

Chapter 2

臉部與髮型

臉部的比例
與五官的畫法

我在畫設計圖時，對臉部不會刻意描繪，不像畫素描或寫實插畫，而是儘量把設計圖的重點放在服裝上，以服裝的整體為主。但臉部也有完美的黃金比例，同學也可以按照自己的喜好做調整。

Preparation · **課前準備**

請同學們在髮型雜誌或服裝雜誌上找一個最喜歡的模特兒的臉龐（我喜歡 VOGUE 和 BAZAR 雜誌，可以選中文版的來剪貼，價格平價比較不會心疼），和幾張好看的髮型，上課時把她們當成自己的模特兒，會更有感覺！

Instructions · **課程示範與指導**

黃金比例

臉的長度：a
臉的寬度：0.6a

眼睛的寬度：
0.6a (臉寬) ÷ 4 ＝ ▲

例子

臉長 a ＝ 10cm
臉寬 ＝ 6cm
眼睛寬 ＝ 1.5cm

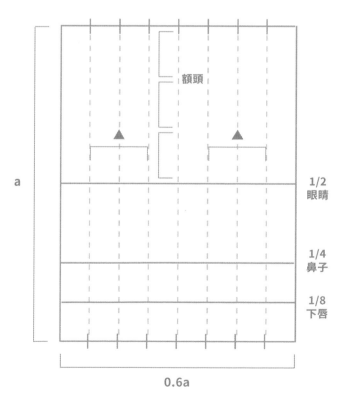

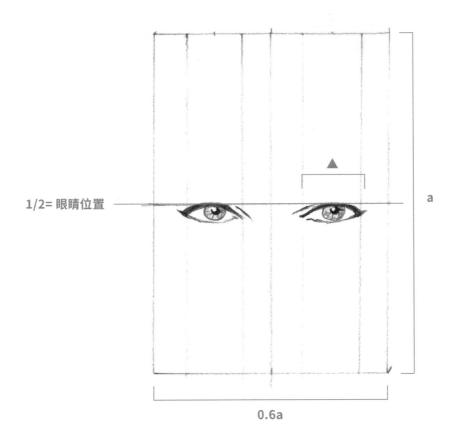

1/2= 眼睛位置

a

0.6a

臉部最明顯的重點在眼睛和嘴唇,圖中 1/2 的橫線上是眼睛的位置。
眼型像一顆橄欖,眼珠瞳孔中心處留白,下眼線往眼尾向上延伸,
使眼睛深邃有神。

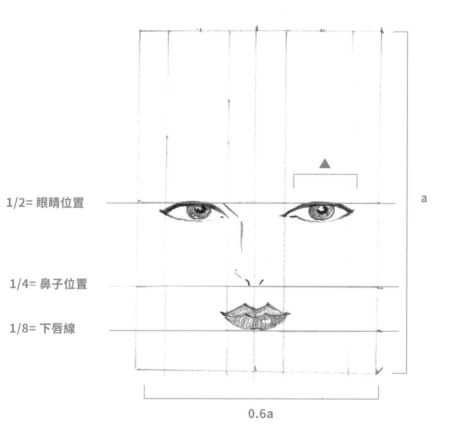

1/2= 眼睛位置

1/4= 鼻子位置

1/8= 下唇線

a

0.6a

圖中 1/4 的橫線是鼻子，簡單勾勒鼻樑與鼻翼的線條。

圖中 1/8 的橫線是嘴唇的下唇線。

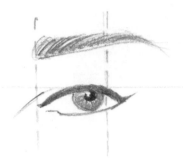

眉毛畫在與眼頭平行處，約一個眼睛寬的
距離，眉峰最高處超過外側眼球。

飽滿的唇型技巧：
用三顆圓球勾勒出的唇型。

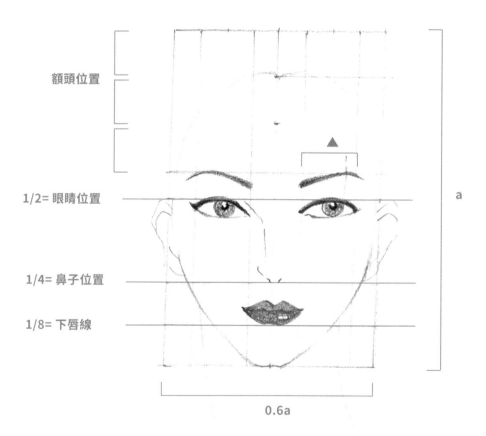

額頭位置

1/2= 眼睛位置

a

1/4= 鼻子位置

1/8= 下唇線

0.6a

勾出蛋一樣的臉型，眉毛到頭頂三分之一處是額頭。

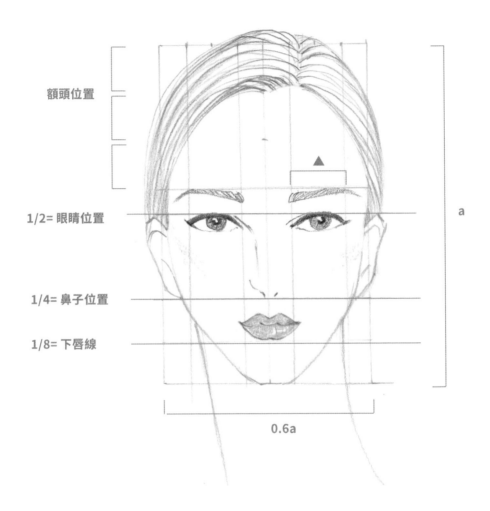

額頭位置

1/2= 眼睛位置

a

1/4= 鼻子位置

1/8= 下唇線

0.6a

加上頭髮，腮紅刷在雙頰的微笑肌上。

Assignment · 課後作業

練習課程中的示範與技巧，只要臉部五官的比例掌握對了，臉孔自然會漂亮！

Supplies · 畫材使用

- 鉛筆

- 色鉛筆

- 橡皮擦

- 尺

- 紙張

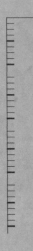

- 俐落的短髮與包頭 -

用乾淨俐落的筆觸，畫出整
齊的髮絲，著色時在頭髮圓
弧處留出一條明顯的光澤。

髮型的畫法

- 飄逸的長髮 -

用輕盈、滑順的筆觸，畫出長髮的外型，髮絲飄起來的線條要輕，著色時頭頂圓弧處留白，長髮內層的地方用色筆加深，這樣畫出的長髮光滑、飄逸。

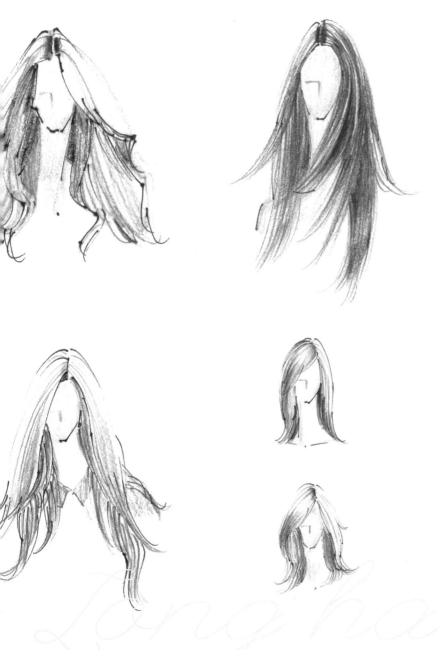

- 蓬鬆的捲髮 -

先畫出 S 型彎曲的髮型，筆觸要柔和自然，著
色時在 S 型凸出的地方留白，凹進去的地方著
上髮色，這樣的捲髮光澤、立體。

43

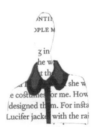

- 領型、領子
  圓領、尖領、方領、襯衫領、國民領

- 裙子的畫法與服裝的整體示範
  窄裙、A字裙、圓裙、細褶裙、百褶裙

- 褲子的畫法與服裝的整體示範
  合身長褲、筆管褲、寬管褲

著裝的練習

Chapter 3

A: Well, the story
andmother, her nam
as also known as Bi
istre and a design
me during the siler
he notabl film
. It
. It
m

e left me
at she had
nes from
tumes ar
nce and it
he fibres
British
don't
, but
US A
RO
ES S

T

ing
ABO
NT
U A
OSTUMES. w

of red
The sl
ot f
said
Karen, and
out their being re
d red shoes to be co
her feet; and when
emen t, it seemed to
old p achers and pr
xed eir eyes on h
gym
cove
the
mu

the
at

old

領型、領子

Collar Styl

Edition Nouvelles Galeries, St-Palais-su

Preparation · 課前準備

在前面的課程裡，我們一再地練習人體，畫好人體是設計圖最重要的基礎。這節課開始教同學著裝，也就是在人體上畫上衣服。上課前同學們先畫好 A、B 兩種不同的人體，以便課程中可以加上不同領子和領型的變化。

Instructions · 課程示範與指導

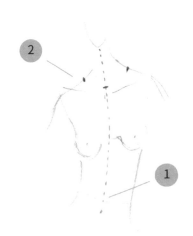

圓 領
Round Neck

① 中心線

② 標示領型的寬度與低度

③ 勾勒出圓形的領型

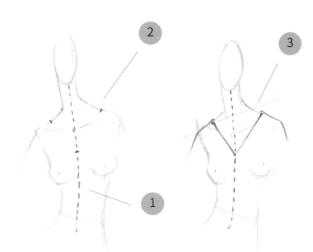

尖 領
V Neck

① 中心線

② 標示領型的寬度與低度

③ 勾勒出 V 形的領型

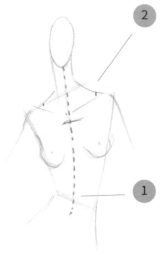

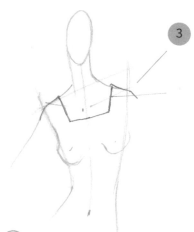

方　領

Square Neck

①	中心線
②	標示領型的寬度與低度
③	勾勒出方形的領型

襯衫領

Shirt Collar

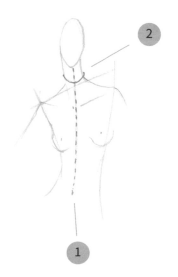

①	中心線
②	領圍
③	襯衫領的領型
④	領台（以中心線為主）
⑤	釦子在中心線上

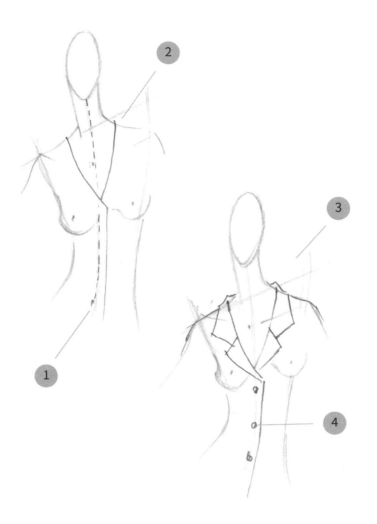

國民領
Notch Neck

① 中心線

② 領圍

③ 國民領的領型（注意左右的領子要對稱）

④ 釦子在中心線上

Assignment · 課後作業

同學畫領子與領型時注意中心線，領子才不會畫歪，領
子與領型要畫正才好看。

Supplies · 畫材使用

- 鉛筆

- 色鉛筆

- 勾邊筆

- 橡皮擦

- 紙張

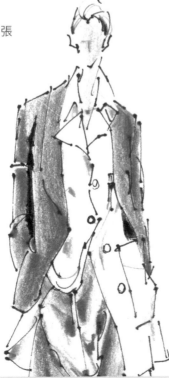

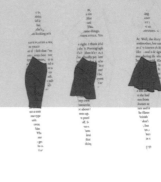

裙子的畫法
與服裝的整體示範

Preparation · 課前準備

昨晚沒課，晚餐過後有冰茶以及雙胞胎妹妹親手做的玉米脆片小餅乾相伴，坐在長桌前，改著學生的課後作業。從第一節課開始，至今已上了四、五節課了，記得有的同學在第一節課時，連一條線條都連不起來，在短短的幾節課過後，已經可以畫出自己的模特兒，有模有樣地站在伸展台上，展示出各有不同風貌的設計，同學們也開始可以體驗到用服裝畫詮釋自己作品的樂趣，而看到學生們從畫畫的過程中得到樂趣，是我的滿足！

Instructions · 課程示範與指導

上節課修正同學的作業後，人體畫得更穩、姿態也變得更動感；接著在人體上畫裙子時，小腿的弧度請同學們特別注意，用俐落的筆觸畫出完美的小腿曲線，是畫裙裝最需要練習的重點。

窄裙

- 裙腰與裙擺平行。

- 畫窄裙時裙身包覆身型。

- 合身的裙型在臀部與大腿連接的位置會產生橫向的
  褶痕,因為裙身沒有多餘的鬆份。

A 字裙

- 裙腰與裙擺平行。

- 畫 A 字裙時裙身像 A 字一樣往外斜，裙寬越寬，斜
  度也會越大。

圓裙

- 圓裙的結構是利用不同的扇形剪裁製作出來的。

- 穿在人體上的圓裙，會隨著裙身到裙襬產生自然的
  三角型褶子，展現出流動的輪廓。

細褶裙、百褶裙

- 細褶裙在裙腰處有許多細小的褶子。

- 褶深處褶子會垂直向下，細褶越多垂直線越多，
  注意細褶與裙擺的連結。

Assignment · 課後作業

畫裙子時注意裙擺與裙腰平行，裙子的長度才會一樣，
不然裙子看起來會一邊長一邊短，同學畫的時候請注意。

Supplies · 畫材使用

- 鉛筆

- 色鉛筆

- 勾邊筆

- 橡皮擦

- 紙張

How
to Draw
Pants

褲子的畫法
與
服裝的整體示範

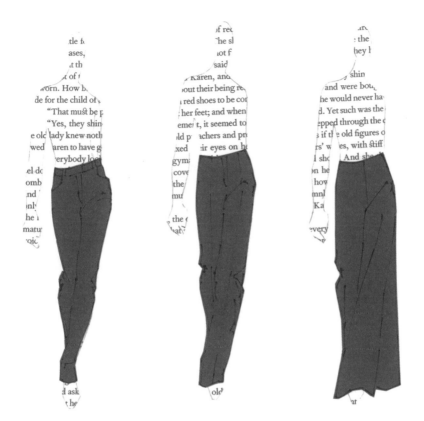

Preparation · **課前準備**

在這些設計圖中，看見一個要提醒同學的重點 —— 人體最重要的重心腳，
是從臀部最突出的點，拉一條斜線到中心線最底的位置，重心腳是斜的，
不是和中心線平行的線。重心腳畫對位置，人體才會站的穩，這一點同學
一定要切記。

Instructions · 課程示範與指導

① 肩線與腰線相反

② 腰線與膝蓋平行

★ ③ 從臀部最凸出的點,拉一條斜線到
中心線最底的位置

合身長褲

- 畫出合身的褲型。

- 注意臀部與大腿連接的位置，要畫出橫的折線，
  膝蓋的關節處也有褶痕。

- 如果褲長超過腳踝，在腳踝處也要畫出褶痕。

筆管褲

- 畫褲型時要留出褲子與腿之間的空間，也就是褲子的鬆份要記得表現出來。

- 注意臀部與大腿連接的位置，要畫出橫的折線，膝蓋的關節處也有褶痕。

- 膝蓋關節處因褲型較寬，鬆份較多，所以畫出的橫線較少。

寬管褲

- 寬褲的鬆份較多，留出褲子與腿的空間也多。

- 寬管褲的褲型較寬，腰身到褲管的線條畫出垂直
  的直線，留出褲子與腿的空間，寬褲產生的線條
  和 A 字裙一樣。

畫長褲時無論適合身的褲型、直挺的筆管褲、或寬鬆的寬管褲，都要盡可能畫出流暢的筆觸，表達出褲裝的俐落線條。

Supplies · **畫材使用**

- 鉛筆

- 色鉛筆

- 勾邊筆

- 橡皮擦

- 紙張

- **單件式洋裝** 單件式洋裝 合身、A字型、寬鬆

- **立體剪裁** 垂墜、抓褶、纏繞

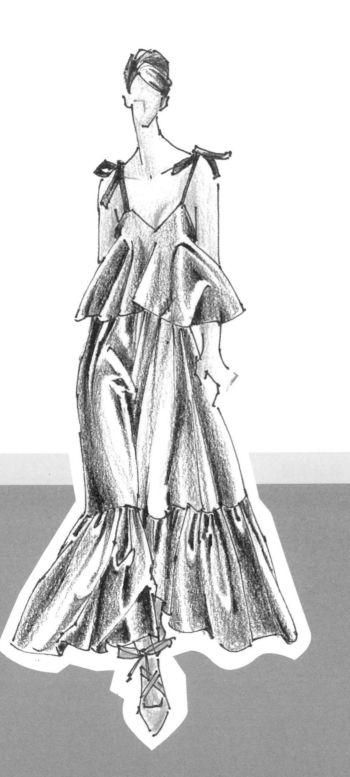

Chapter 4

服裝基本輪廓

單件式洋裝

Preparation · **課前準備**

服裝設計的三大要素——外型線條、質材、顏色。

外型線條也就是服裝的輪廓，在敘述服裝設計的概
念。學好基本人體後，接著開始畫出服裝的輪廓，這
節課用合身、A字型、寬鬆三個簡單的外型，教同學
畫出不同的基本服裝輪廓。

Instructions · **課程示範與指導**

合 身
Fit Dress

1 畫一個動態人體（膝蓋重疊）

2 先畫領型

3 包覆身形的輪廓線條

4 在大腿和臀部相接的位置會產生橫向褶痕，合身的衣服沒有過多的鬆份，所以會產生橫向的褶子

5 裙襬和膝蓋平行

A 字型

A-line Dress

1. 畫出上窄下寬似 A 字型的外輪廓

2. 裙身展開成 A 字型會有直向的褶線產生

3. 在大腿和臀部相接的位置會產生橫向褶痕

4. 裙襬和膝蓋平行

寬 鬆

loose Dress

（1）勾勒出寬鬆的外輪廓線

（2）衣身的褶子成垂直線，衣服越寬褶子越深，用色鉛筆著色時
　　要把身型的陰影畫出來，才不會顯得衣服過大又僵硬

Assignment · 課後作業

練習著裝時，隨著姿態的改變，衣服會產生不同的褶子。合身的服裝產生出橫向的褶痕，有鬆份或寬鬆的服裝會產生直向的褶子，衣服的鬆份越多褶子越多、越深，這點請同學特別注意。

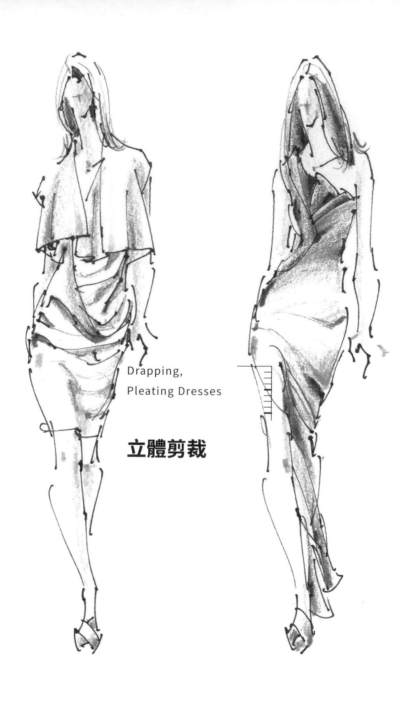

Drapping,
Pleating Dresses

立體剪裁

𝒫reparation · 課前準備

立體剪裁使服裝的身型更有立體感、流暢，尤其凸顯
個人對褶形獨特的設計，利用布料的特殊性，設計出
垂墜、抓褶、纏繞各種不同的變化。

ℐnstructions · 課程示範與指導

服裝的皺褶因服裝質材、服裝外型、人體
姿勢而有所不同。畫質材軟的布料用柔
軟、流暢的線條；畫質材硬的布料用硬挺、
曲折的線條畫出立體的效果。

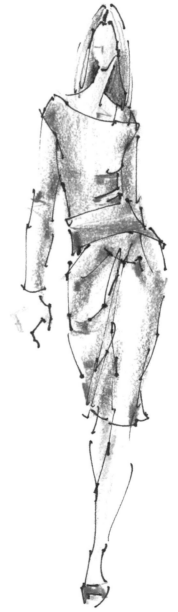

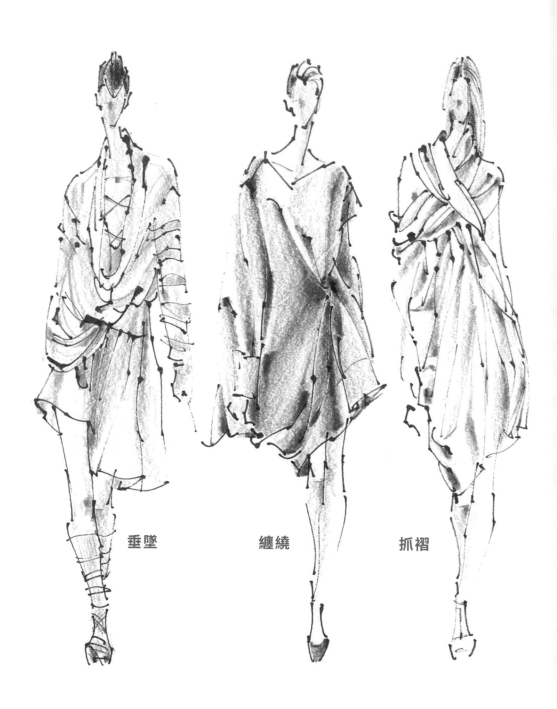

垂墜　　　　　纏繞　　　　抓褶

垂　墜

在人形衣架上利用布料獨特的質材，自然流暢的手感做出垂墜
的效果。畫設計圖時筆觸俐落帶有圓弧的線條、摺深處線條可
以加深，增加垂墜立體感。

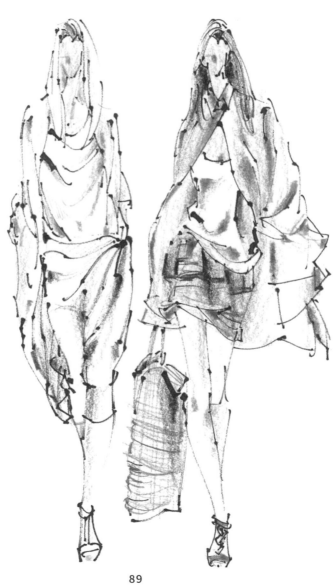

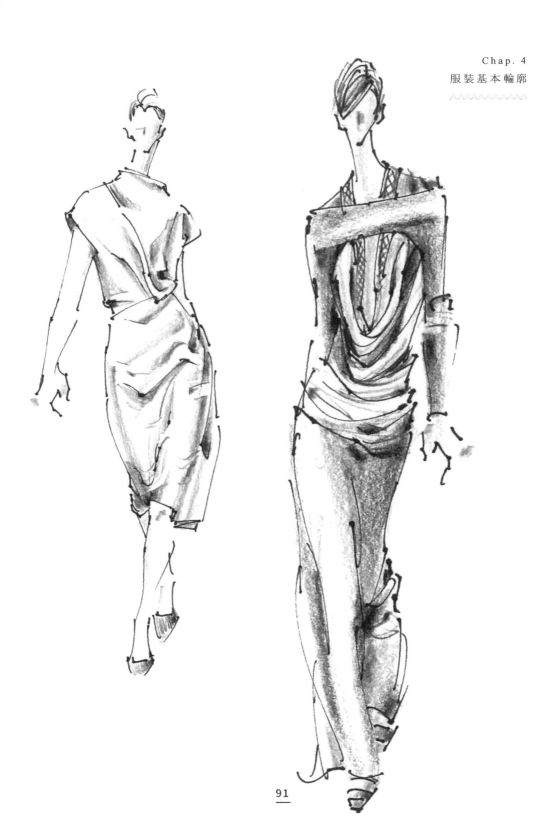

抓　褶

抓褶的外型誇張立體，使用質感輕輕有張力的布料來凸顯立體的外型，
用輕而帶硬的筆觸，俐落地畫出硬挺的效果。

纏　繞

在人形衣架上用包覆身形纏繞
的手法，表達出曲線的流動感，
用柔軟的線條畫出相互重疊的
褶子。筆觸不要用一樣的粗細
線，建議增加粗細的變化，可
以讓褶子更生動自然。

Assignment · 課後作業

在表現服裝輪廓時，注意布料和人體之間要保留自然
的空間，產生出自然的褶痕，用簡單的線條表達，不
需要過多繁複的筆觸，儘量使畫面看起來簡潔明確。

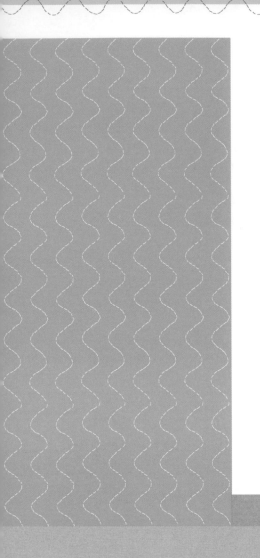

- 橫條紋、直條紋、圓點、格紋的畫法與服裝的整體示範

- 花布的畫法與服裝的整體示範

Chapter 5

布料圖紋

Stripes, Check
& Dots
Patterns

橫條紋、直條紋、圓點、格紋的畫法與服裝的整體示範

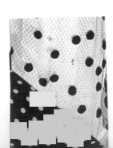

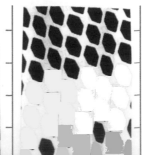

Preparation · **課前準備**

條紋、格紋、小圓點、大圓點是我自己很喜歡的圖案。我喜歡穿橫條
紋的衣服,也喜歡畫各式有關條紋的服裝,像這類條紋、格紋、大大
小小圓點,畫起來都很有療癒的效果,同學可以從布塊開始練習。

Instructions · 課程示範與指導

橫條紋

人體和服裝的外輪廓畫好之後，第一條線畫在與裙頭平行
的位置，第二條橫線畫在與裙襬平行的位置，接著裙頭一
條橫線，裙襬一條橫線，反覆地畫到中間自然接合成間距
平均平行線，上衣的畫法亦然。
※ 隨著人體的弧度的轉變，條紋也會隨著起伏變化，不會
是完全的直線，這樣畫出的條紋服裝才會有立體感。

直條紋

從人體中心線開始畫與中心線平行的直線，隨著身體的曲
線弧度與衣服的皺褶，條紋會有所起伏變化。

圓點

把圓點加在畫好的衣服上,因圓點的大小不同,畫法也有不同。大的圓點畫在衣服上,圓的距離平均分配,但是服裝的褶深時,圓的距離變的密集,而且圓的形狀也不會完整呈現。小的圓點畫在服裝上,只需要平均分配圓點的距離,無須考慮褶痕的問題。

格紋

橫條紋與直條紋的組合

~~~~ *Assignment* · **課後作業** ~~~~

同學在畫橫條紋時，線條可以從同一個方向開始畫
（這樣在畫的時候比較好控制間距的拿捏，容易掌
控線條與線條間的距離），平均畫出橫線，注意服
裝線條曲折的變化，和條紋間的距離，以及條紋粗
細的一致性。最後在有褶痕的地方用色筆加深線條
或圓圈的陰影，設計圖就會更有立體感了。

~~~~ *Supplies* · **畫材使用** ~~~~

- 鉛筆　　- 色鉛筆　　- 勾邊筆　　- 橡皮擦

- 紙張可選結實有厚度、光滑的紙

花布的畫法
與
服裝的整體示範

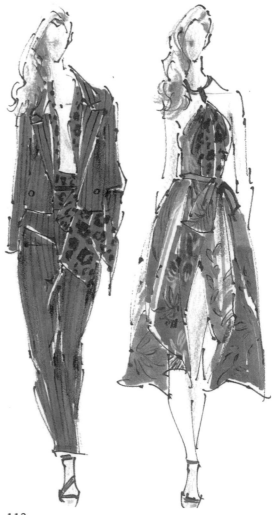

Preparation · **課前準備**

花朵、圖案、出現在每一季的主題,無論是繽紛、浪漫、甜蜜的花
朵或暈染的彩色圖案,都各有其趣。同學們帶自己收集的花朵或圖
案的圖片(也可以用手機拍下好看的花朵或圖案),在課程中可以
參考使用。

Instructions · **課程示範與指導**

設計圖在畫以花朵或圖案為主題時,可
以使用的畫材豐富多元,今天我選用色
彩飽和濃郁的蠟筆,蠟筆筆觸隨意有
趣,還多了些許童趣。

Assignment · 課後作業

除了先試著用蠟筆畫出花朵與圖案的感覺，之後同
學也可以用色鉛筆或其它的畫材畫設計圖，體會不
同的感受，可以選用自己最喜歡和順手的畫材畫，
畫設計圖沒有一定的模式與規則，盡量畫出屬於自
己的風格。

Supplies · 畫材使用

- 鉛筆

- 蠟筆（我使用卡達油性蠟筆）

- 麥克筆

- 勾邊筆

- 橡皮擦

- 選擇結實有厚度的紙張

- 細節的變化與服裝的整體示範

蝴蝶結、荷葉邊、細褶

Chapter 6

細節表現

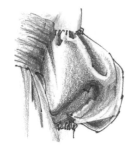

細節的變化
與
服裝的整體示範

因布料的軟硬不同，翅膀的線條也會不同。質感硬的蝴蝶結筆觸硬挺，翅膀的地方帶一點圓弧型，整體上也不用太銳利的感覺，像一隻展翅而飛的蝴蝶。

質感柔軟的蝴蝶結，筆觸柔軟，翅膀向下自然垂墜，帶飾可畫出飄逸的效果。

Preparation · 課前準備

仔細觀察荷葉邊和細褶的不同，荷葉邊的表現 —— 利用「S」形的剪裁，
展現美麗流動的輪廓，像花瓣形的荷葉邊；細褶的表現 —— 利用長條
的布型，裙間上抽出均勻的褶子，產生自然垂墜的細褶，裙襬呈現波紋
狀。

蝴蝶結
Bow

① 先畫一個小方形

② 再畫出像蝴蝶翅膀的形狀

③ 加上垂墜的帶飾

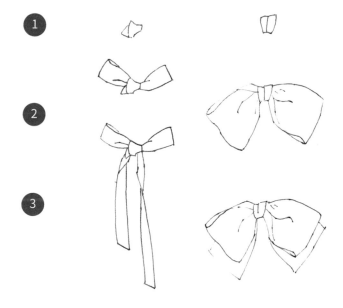

122

123

124

荷葉邊

Ruffles

① 先畫出 S 形的線條

② 加上斜線，表現出荷葉邊起伏的波浪

①

②

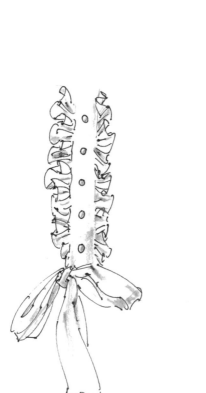

126

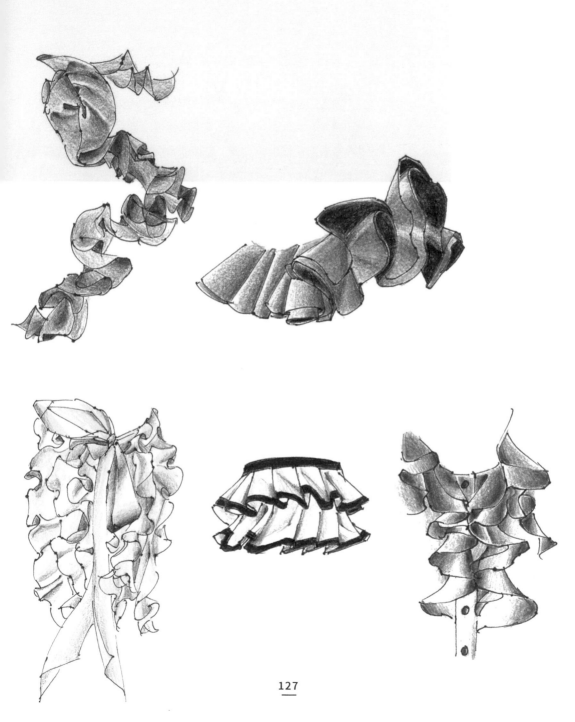

127

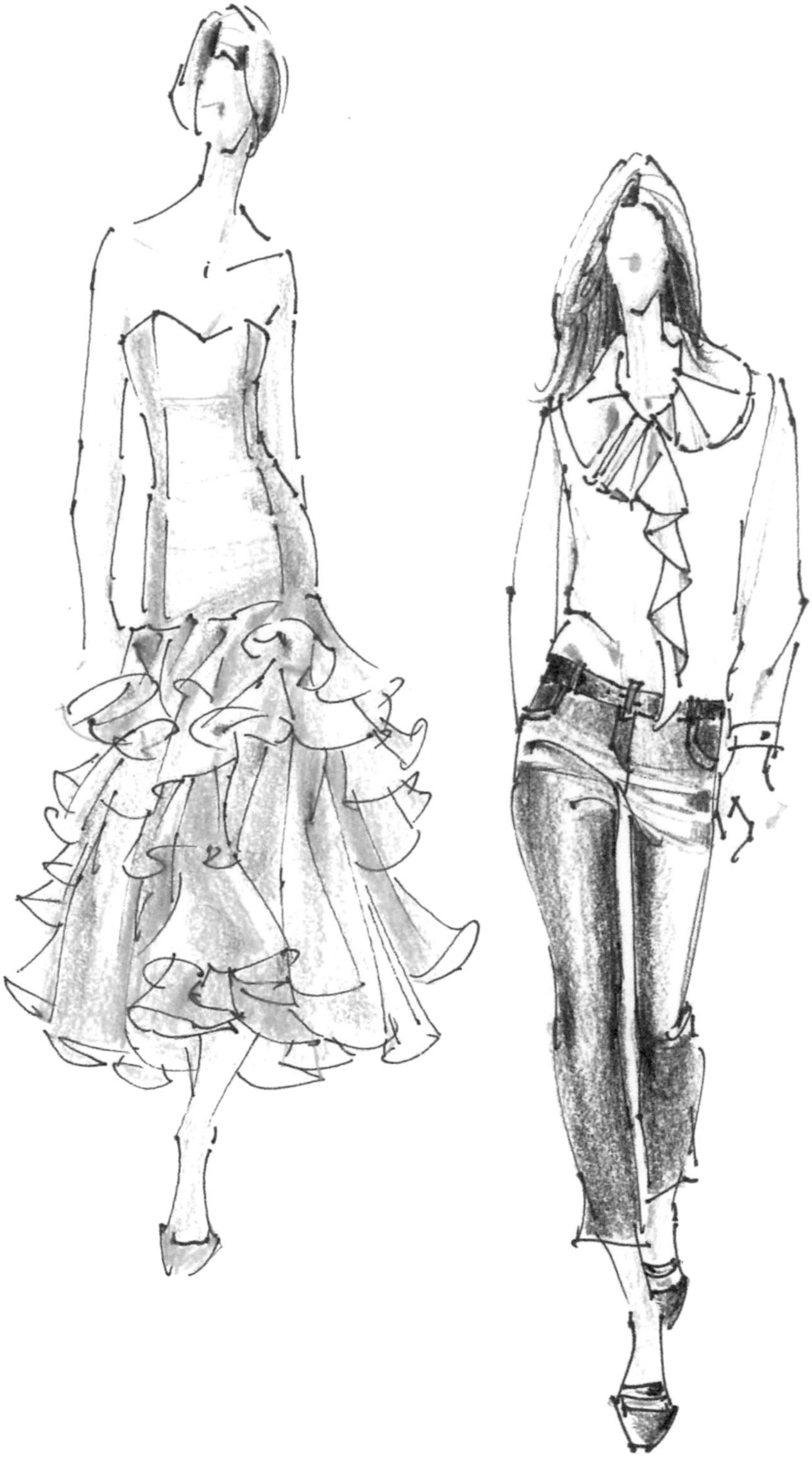

細褶

Pleats

1. 畫出△形的圓錐形

2. 加上凹入的線條,畫出波浪起伏的下襬

3. 在裙間加上細褶的線,呈現垂墜的波紋

4. 可以加第二層第三層……

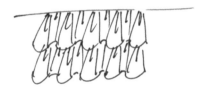

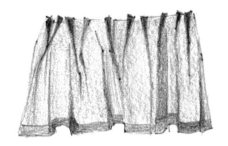

133

Assignment · 課後作業

每一種服裝質材與款式都有不同的畫法，我嘗試各
種不同的畫材與畫法，這些都是自我訓練的方式。
我喜歡把筆握在手裡和觸摸紙張的感覺，同學們練
習時，相信自己的感覺，不要害怕失敗，不斷地畫，
堅持是很重要的！

Supplies · 畫材使用

- 鉛筆 - 色鉛筆 - 勾邊筆 - 橡皮擦

- 紙張可選結實有 厚度、光滑的紙

- **棉麻** 居家、休閒風格

- **丹寧** 牛仔系列、牛仔褲、夾克

- **透明質感** 洋裝、公主風、小禮服

- **光澤** 晚宴服、華麗風、小禮服

Chapter 7

布料材質

Cotton
&
Linen fabric

棉麻 - 居家、休閒風格

Preparation· **課前準備**

細心觀察，是學習畫畫必經的過程。想要畫出俐落的
線條和筆觸，就要訓練手眼協調，唯有持續不斷地練
習才能達成，是無法偷懶的！上課前請多畫 A 和 B
的人體，讓老師幫同學們修正。

Instructions · 課程示範與指導

1. 畫出人體架構，重心腳一定要站穩（打☆畫虛線的是重心腳）

2. 在人體上用鉛筆輕輕勾勒出服裝的外輪廓與細節，用勾邊筆勾勒出輪廓與細節

※ 棉的質感細緻柔軟，用自然的筆觸表達棉的舒適感，無須過多的筆觸，線條簡潔俐落即可。

3. 用橡皮擦擦去打底稿的鉛筆線。先塗上膚色，在上衣處塗上藍色，衣服皺褶深的地方加重筆觸。褲子的質材是麻，麻的織紋明顯，著色後用筆尖細細的加上交錯的橫紋與直紋，再用筆尖點上麻穀，就會更有麻布的質感

〰〰〰〰 *Assignment* · **課後作業** 〰〰〰〰

加強人體與棉麻質材的練習。

〰〰〰〰 *Supplies* · **畫材使用** 〰〰〰〰

-2B 鉛筆　- 色鉛筆（畫麻織紋時記得把色鉛筆削尖）

- 勾邊筆　- 橡皮擦

Denim
fabric

丹寧 - 牛仔系列、牛仔褲、夾克

Preparation·**課前準備**

這節課比較特別，我請同學們穿上自己喜歡的型款丹寧褲、
裙、襯衫、外套，或洋裝，用自己獨特的表達方式，詮釋出自
己的個人風格。同學們都很有創意，也對自己充滿自信！這節
課就像一場小型的服裝秀，同學們交換穿搭，相互拍照，玩得
開心極了！接著讓我教同學表現丹寧的技巧喔！

低腰的位置

Instructions· **課程示範與指導**

1. 畫出人體架構（使用鉛筆，做為打底稿之用）。

2. 用鉛筆輕輕勾勒出服裝的外輪廓與細節。

3. 將布料的觸感用筆觸表達，畫出質材的特色。

   A. 用勾邊筆勾勒出輪廓與細節，筆觸儘量流暢（選擇自己
      畫起來順手的勾邊筆，細字筆、簽字筆、鋼筆…皆可）

   B. 用橡皮擦擦去打底稿的鉛筆線

   C. 開始著色，以皮膚色優先

   D. 用一支沒有墨水的原子筆，在要畫丹寧布的地方，畫出
      布紋的斜線（這是我喜歡用的方法，在許多質材上都用的
      到），接著塗上色鉛筆，很簡單就可以表現出丹寧布料的
      有趣效果，豐富了質材的立體層次。

Assignment · **課後作業**

同學們可以找出欣賞的服裝穿搭，畫下它的設計圖，做成卡片送給同學，下節課又是一節令人期待的課程！

Supplies · **畫材使用**

- MONO100 2B 鉛筆　- 卡達色鉛筆、pc 色鉛筆

- 沒有墨水的原子筆　- 勾邊筆　- 橡皮擦

- 紙張可選結實有厚度、光滑的紙

Cotton
&
Linen fabric

透明質感
- 洋裝、公主風、小禮服

Preparation · **課前準備**

每位同學請帶一條透明質材的絲巾，大家可以互相比
較絲巾質材與觸感的不同；從流行服裝雜誌上收集透
明質材的服裝圖片。

Instructions· **課程示範與指導**

1. 畫出人體架構。

2. 用鉛筆勾勒外輪廓與細節。

3. 用勾邊筆輕輕的勾勒出外輪廓的細節，
   著色時先塗膚色，在薄紗初隱約可見。

4. 薄紗上色時用色筆輕塗，布料重疊處用
   色筆加深，增加層次感。

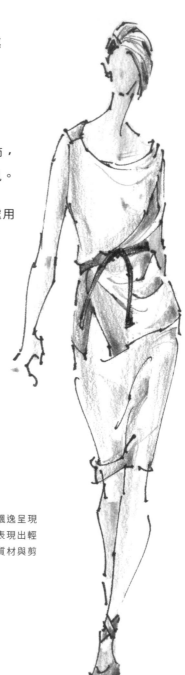

薄如蟬翼，柔軟的透明

-POINT-
表達透明的質材是一種挑戰，要把薄紗的輕盈、飄逸呈現
出來，勾邊時筆觸要輕、要快，俐落的筆觸才能表現出輕
透的薄紗質感。服裝畫的外輪廓線決定於服裝的質材與剪
裁結構，透過布料呈現出不同線條。

飄逸的半透明

雙色透明 —— 先畫一層若隱
若現的，再畫最上面一層，塗
色筆觸儘量放輕

透明又有硬度 —— 筆觸輕而硬挺

練習透明質材的畫法，最主要的原則就是筆觸儘量放輕柔，
下節課帶來請老師修改指導，並與同學分享學習成果！

Supplies · 畫材使用

- MONO100 2B 鉛筆　- 卡達色鉛筆　- 勾邊筆（0.1）

- 紮實平滑的完稿紙、有顏色的美術紙或信紙

Lustre
Fabric

光澤 - 晚宴服、華麗風、小禮服

我教學的畫材精彩多變,彩色鉛筆(水
性、油性)麥克筆、粉彩、蠟筆、彩色
墨水……什麼樣的畫材我都使用過,紙
張我則喜歡用結實、平滑有質感的。

我有收集美術用品的嗜好,只要有新的
畫材都很像試試,我也有囤積畫材的習
慣,因為有愛用的畫材停產的噩夢……

光澤感的質材所有的畫材都可以表達,
這單元的設計圖示範我則選用了蠟筆與
色筆。

✎Preparation · **課前準備**

這節課要畫光澤感的質材,光澤感的技巧在於黑白對比的反差,上
課前同學可以先用色鉛筆練習 1、由深到淺的塗色法,和 2、由淺到
深的塗色法。

Instructions · **課程示範與指導**

1. 畫出人體架構。

2. 在人體上用鉛筆輕輕勾勒出服裝的外輪廓與細節，用勾邊筆勾勒出輪廓與細節，塗上膚色。

3. 用蠟筆著色。光澤感的質材，用蠟筆濃厚的色彩，最能表現非黑即白的對比反差。

-POINT-

在衣服皺褶深處用黑色色鉛筆加強層次感（黑色色鉛筆筆尖比蠟筆細，畫細節的地方比較好表現），明顯的表達出光澤感。

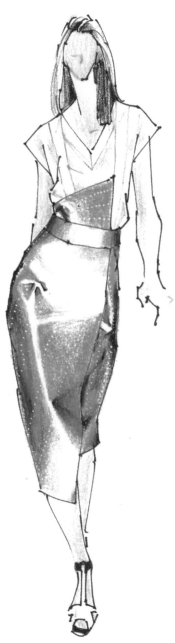

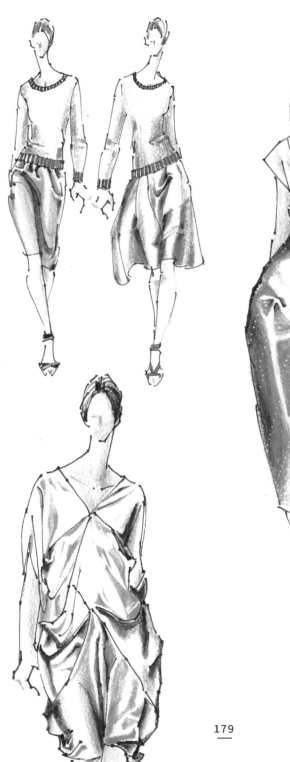

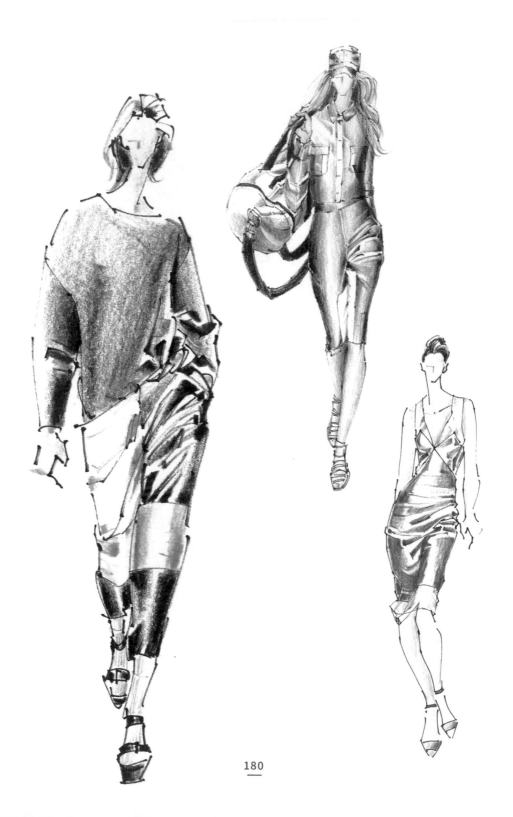

182

Assignment · 課後作業

課前練習的由深到淺的塗色法,和由淺到深的塗色
法,可以再反覆地練習。複習課程中的示範與技巧,
加強塗色步驟的練習。

Supplies · 畫材使用

- 鉛筆

- 色鉛筆

- 蠟筆

- 勾邊筆

- 橡皮擦

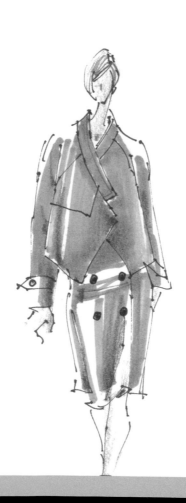

學生們想說的是……

謝謝曹老師的教學，服裝設計常常是女生夢想的行業，以為服裝設計入門一定要學裁縫，但是上了曹老師的課才知道，人體架構用畫筆和技巧畫出布料材質，慢慢培養對於穿衣服的敏感度，更了解如何穿出自己的特色。———— 麗秀

用一支筆畫一張圖造就無數個夢想成真的專家
一杯咖啡一片蛋糕造就無數個幸福瞬間的專家
敬我最親愛的曹老師———— 美雲

老師是敗家的最好伙伴，有品味，有深度，溫暖，在若干年後想起你……仍然會讓人嘴角上揚的老師！———— 品儀

曹老師除了服裝畫的啟蒙外也是我人生的心靈老師，甚至深深地影響到我現在的發展。我的水彩也是在老師墨水下美麗的暈染開來……很難壓縮成一兩句內。
最後一句很重要：老師愛你喔！———— 美麗花

美好的事物，不僅僅只能在腦海裡！謝謝老師將您的才華無私的奉獻出來，有了紀錄！能夠永久地傳承下去！———— 黑寶媽

老師畫筆下的服裝彷彿會在紙上跳躍，每位模特兒似乎活了過來有著自己的故事。老師的作品不僅療癒了我，也溫暖了欣賞的人。———— 維維

時間焠鍊了美的誕生，如同此書一般。———— Eason

謝謝老師創造這麼無壓力的上課氛圍，讓一向對學習沒動力的我會一再參與課程，能跟親切、善良又有才華的曹老師學習是很幸運的事情！
──── Doffy

為我而言，向曹老師習畫可說是「物超所值」的事了！不僅學了畫畫還學得了烹飪美食……總之只要在老師身旁就是一堂生活美學的陶冶課。曹老師，謝謝您！您真是我的良師益友！──── Yating

Took me so long to figure out what to say in one or two sentences. There were so much quality heart-to-heart time. You might not remember everything you said to us, but we all remember how special and loved you make us feel！
──── TZU

初來上課時，只是想報個短期課程上看看，為的是想圓一個熱愛服裝的小夢想，一踏入後便不知不覺學了一年多，曹老師總是很有耐心的指導著我們所有細微末節，原來畫衣服的技巧比想像中要來的豐富且有趣，相信還有更多不同的畫法等著我去挑戰！──── 富嗡嗡

老師的服裝畫陪伴我的下班時間，邊享受藝術邊放鬆：）──── 芃芃

真正的時尚是經得起考驗的，感謝老師不私藏地傳授經過時間洗鍊的服裝畫。──── 菲比

感恩有您
不必為曾經的錯失忿忿不平，
無須再看翩然華服扼腕嘆息，
因為只要有您，
我筆下的許多不完美也將連綴成名模曲線躍然紙上！──── 靚靚

設計衣服的構圖常浮現在腦中，但就是畫不好也不漂亮，但跟老師學習後，發現原來我也能畫人型，並且可以畫衣服給它們穿，原來我也能像服裝設計師一樣畫出專業的圖，老師總是能利用技巧，在圖上畫出神奇，老師畫的服裝畫很有溫度，從畫就能感受服裝真實的樣子。——— Layna

您力量的全部祕密，就在於深信我是可以做到的。我對您的感謝，不是光用言語就能表達出來的。——— 新慈

其實剛開始對畫圖沒什麼自信，一直覺得畫得不好看。但是在老師的耐心教學和課堂歡樂的氣氛中，漸漸發現自己越來越喜歡畫圖，而且每次看到自己進步都覺得很高興。謝謝老師的教導，我會繼續努力練習的！——— 筱瑄

喜歡老師教我們如何使用各種媒材來畫圖，也謝謝老師營造出歡樂且毫無壓力的上課環境，讓我能夠輕鬆自在地完成自己的作品，享受作畫的過程。——— 筱元

唯一接觸過服裝的經驗，是從小喜歡看童話書裡的插圖，不同故事裡的公主穿著各種美麗長裙，五彩繽紛吸引著童年的我融入夢境長大。報名後，由於老師多年教學經驗和人體比例解說後，真不可思議！第一堂課開始的 10 分鐘就畫好了人體。如今，只要透過老師教的簡單 3 步驟，人體架構立刻可呈現，接著添加各種服飾，包括衣服材質、飾材都能表現，現在只要一筆在手就可立刻畫出一個婀娜多姿女子或栩栩如生的時尚模特兒，終於，我可以自己作畫了！感謝最有耐心的老師帶給我的快樂又療癒～ ——— Molly

曹老師上課時總是很有耐心地講解每個繪畫細節，告訴我們哪些地方需要修正、可以畫得更好，把所有技巧都教給我們，給予許多鼓勵，也常常分享有趣的生活經驗，讓我每個星期都會期待上課～ ——— 育伶

曹老師靈巧的手繪製美麗又千變萬化的服裝畫，深深地吸引著我，最喜歡老師如鄰家大姊般話家常親切地引導我們走入服裝畫的境界。——— 麗美

跟著老師學畫不知不覺就四年了！從鉛筆稿的人體到現在用麥克筆、水彩、鋼筆，表現出各種不同的材質，每次依然都充滿驚喜！很喜歡每次的畫圖時間。謝謝老師！——— 宇涵

老師的專業和態度，讓學生如沐春風。學生真的很幸福，可以碰到這麼好的老師呢！
——— DILYS

如果我以店員想對您這位顧客想說的話，氣質是騙不了人的！
——— Chenq. Chenq

在一次的因緣際會下，接觸了曹嘉琳老師的課，本來只是抱持著試水溫的心態，
沒想到也上了一年多的課；亦師亦友，老師不只是教服裝畫，也是在交心，跟著
老師學了很多，看著自己的畫功有漸漸茁壯，由衷感謝老師，現在老師要出書了，
只能說老師的書一定會大賣呀！因為不買肯定會後悔！——— Tanya

曹老師的課一直都有獨特魅力，授課過程中心靈交流多於刻板技法，談笑寫意重
於制式教學的曹老師，能用一杯咖啡的時間讓你感受到畫畫的樂趣，請好好享受
在這堂課程中，你與畫筆之間的揮灑！——— 一小點

嘉琳老師想說的是……

這本書要獻給陪伴我上課的學生們。

在你們的支持與不斷啟發下，成就我記錄這本書的動力！

本書是手繪設計圖的課程記錄，完整呈現我的教學內容，也是我藝術創作的心得。
設計圖是一種語言，一種自我表達創作的方法。我嘗試不同的畫法與技巧，在從
這些畫法中，找到效果最好、最容易學習的方法和學生們分享，互相學習。我在
這三十多年的教學生涯中，已有多位學生是知名的服裝設計師，和多位已經出版
專業書的老師，為此，也感到驕傲無比！

教學和手繪設計圖是我一生中最享受的工作與樂趣，我永遠堅持這樣的生活方式！
再一次謝謝學生們的陪伴！你們使我的人生更真實更精彩！我和你們學到的更多
更豐富！

新銳藝術35　PH0192

新 銳 文 創
INDEPENDENT & UNIQUE

曹嘉琳服裝畫手札

作　　者	曹嘉琳
責任編輯	徐佑驊
圖文排版	蔡瑋筠
封面設計	蔡瑋筠

出版策劃	新銳文創
發 行 人	宋政坤
法律顧問	毛國樑　律師
製作發行	秀威資訊科技股份有限公司
	114 台北市內湖區瑞光路76巷65號1樓
	電話：+886-2-2796-3638　傳真：+886-2-2796-1377
	服務信箱：service@showwe.com.tw
	http://www.showwe.com.tw
郵政劃撥	19563868　戶名：秀威資訊科技股份有限公司
展售門市	國家書店【松江門市】
	104 台北市中山區松江路209號1樓
	電話：+886-2-2518-0207　傳真：+886-2-2518-0778
網路訂購	秀威網路書店：http://store.showwe.tw
	國家網路書店：http://www.govbooks.com.tw

出版日期	2018年7月　BOD一版
定　　價	450元

國家圖書館出版品預行編目

曹嘉琳服裝畫手札 / 曹嘉琳著. -- 一版. -- 臺北市：
新銳文創, 2018.07
　　面；　公分. -- (新銳藝術；35)
　BOD版
　ISBN 978-957-8924-19-2 (平裝)

　1.服裝設計 2.繪畫技法

423.2　　　　　　　　　　　　　　　　107007011

讀者回函卡

感謝您購買本書,為提升服務品質,請填妥以下資料,將讀者回函卡直接寄
回或傳真本公司,收到您的寶貴意見後,我們會收藏記錄及檢討,謝謝!
如您需要了解本公司最新出版書目、購書優惠或企劃活動,歡迎您上網查詢
或下載相關資料:http:// www.showwe.com.tw

您購買的書名:_____

出生日期:_____年_____月_____日

學歷:□高中 (含) 以下　　□大專　　□研究所 (含) 以上

職業:□製造業　□金融業　□資訊業　□軍警　□傳播業　□自由業
　　　□服務業　□公務員　□教職　　□學生　□家管　　□其它_____

購書地點:□網路書店　□實體書店　□書展　□郵購　□贈閱　□其他

您從何得知本書的消息?

　□網路書店　□實體書店　□網路搜尋　□電子報　□書訊　□雜誌

　□傳播媒體　□親友推薦　□網站推薦　□部落格　□其他_____

您對本書的評價:(請填代號　1.非常滿意　2.滿意　3.尚可　4.再改進)

　封面設計____　版面編排____　內容____　文╱譯筆____　價格____

讀完書後您覺得:

　□很有收穫　□有收穫　□收穫不多　□沒收穫

對我們的建議:_____

_____

_____

_____

11466
台北市內湖區瑞光路 76 巷 65 號 1 樓

秀威資訊科技股份有限公司　　　收

BOD 數位出版事業部

....

（請沿線對折寄回，謝謝！）

姓　　名：＿＿＿＿＿＿＿＿＿　年齡：＿＿＿＿＿　性別：□女　□男

郵遞區號：□□□□□

地　　址：＿＿＿＿＿＿＿＿＿＿＿＿＿＿＿＿＿＿＿＿＿＿＿＿

聯絡電話：(日)＿＿＿＿＿＿＿＿＿＿＿　(夜)＿＿＿＿＿＿＿＿＿＿

E-mail：＿＿＿＿＿＿＿＿＿＿＿＿＿＿＿＿＿＿＿＿＿＿＿